解密经典

狂野的翱翔者——
战斗机

★★★★★ 崔钟雷 主编

吉林美术出版社 | 全国百佳图书出版单位

前言
QIAN YAN

  世界上每一个人都知道兵器的巨大影响力。战争年代,它们是冲锋陷阵的勇士;和平年代,它们是巩固国防的英雄。而在很多小军迷的心中,兵器是永恒的话题,他们都希望自己能成为兵器的小行家。

  为了让更多的孩子了解兵器知识,我们精心编辑了这套《解密经典兵器》丛书,通过精美的图片为小读者还原兵器的真实面貌,同时以轻松而严谨的文字让小读者在快乐的阅读中掌握兵器常识。

编 者

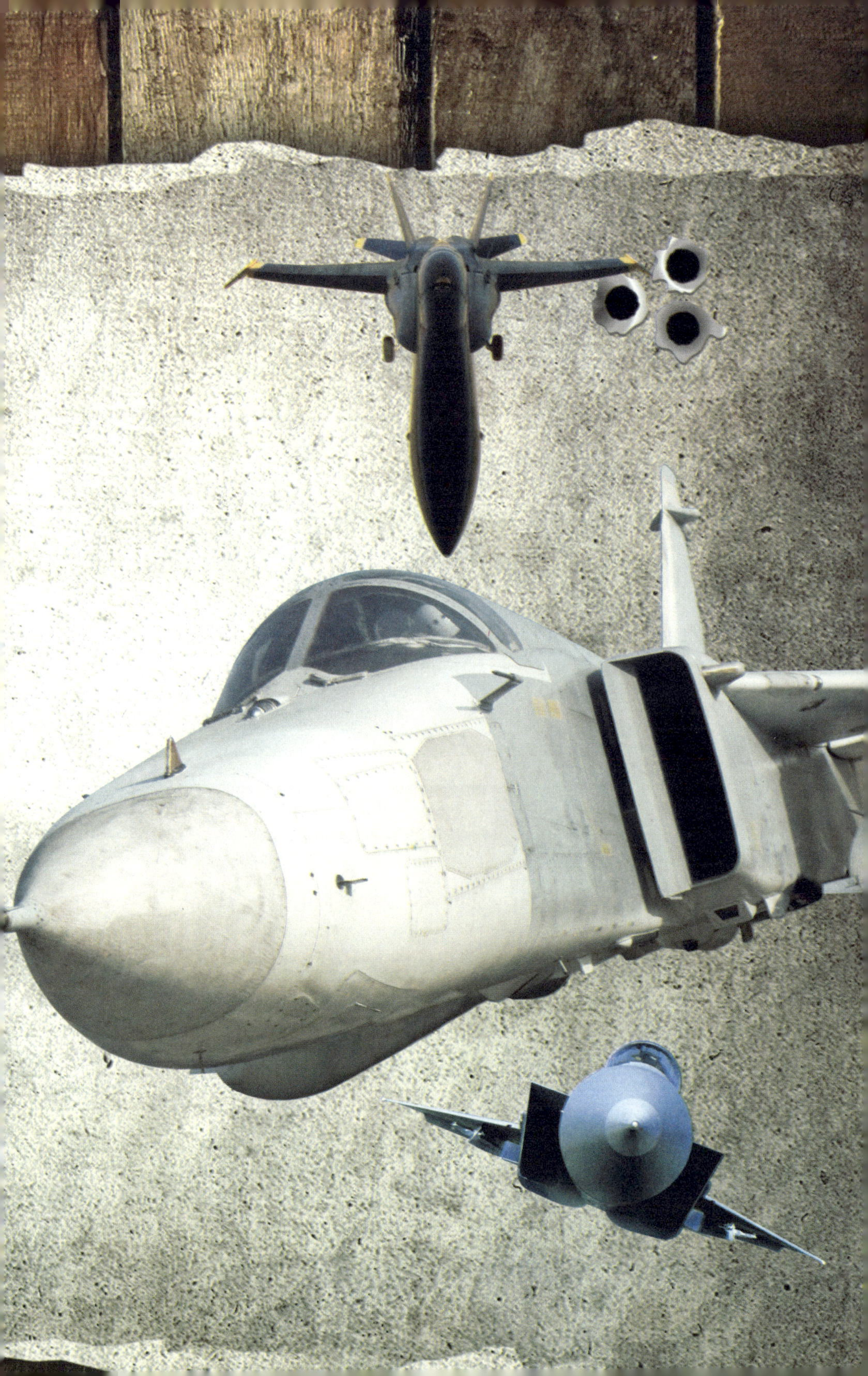

目录 MULU

第一章 第一代战斗机

- 8 第一代战斗机简介
- 10 美国 F-86 战斗机
- 14 美国 F-100 战斗机
- 16 苏联 米格-19 战斗机
- 18 英国 "蚋" 式战斗机
- 20 法国 "超神秘" B2 战斗机

第二章 第二代战斗机

- 24 第二代战斗机简介
- 26 美国 F-104 战斗机
- 30 美国 F-4 战斗机
- 34 美国 F-5 战斗机
- 38 苏联 米格-21 战斗机
- 40 苏联 米格-23 战斗机
- 42 苏联 米格-25 战斗机
- 44 英国 "闪电" 战斗机

46　英国"鹞"式战斗机

50　意大利 G.91 战斗机

第三章　第三代战斗机

54　第三代战斗机简介

56　美国 F-14 战斗机

58　美国 F-15 战斗机

62　美国 F-16 战斗机

64　美国 F-18 战斗机

68　苏联 苏 –27 战斗机

72　苏联 苏 –35 战斗机

76　苏联 苏 –37 战斗机

- 80 欧洲 EF-2000 战斗机
- 82 英、德、意"狂风"战斗机
- 84 法国"幻影"2000 战斗机
- 88 法国"阵风"战斗机
- 90 瑞典 JAS-39 战斗机
- 92 日本 F-2 战斗机
- 94 以色列"幼狮"战斗机

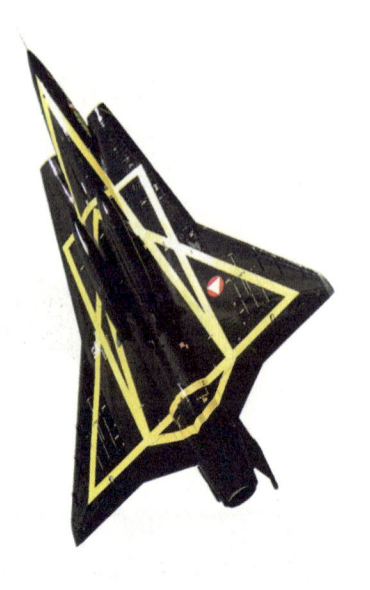

第四章　第四代战斗机

- 98 第四代战斗机简介
- 100 美国 F-22 战斗机
- 104 美国 F-35 战斗机
- 108 俄罗斯 T-50 战斗机

第一章
第一代战斗机

解密经典兵器

第一代战斗机简介

总体介绍

第一代战斗机大多具备超音速飞行的能力,最大飞行速度可达1.3马赫。但是第一代战斗机的电子设备比较简陋,飞行员主要通过无线电、高度表和电控罗盘操纵飞机。目前,第一代战斗机多已退役,但它们作为世界军事向高技术领域发展的代表,被永远载入了世界军事史。

历史意义

第一代战斗机曾在朝鲜战场上大显身手,它们让世界看到了空战的重要性,并促使世界各国的军事专家开始研制性能更全面的战斗机。

狂野的翱翔者——战斗机

第一代战斗机的主要空战方式是近距离格斗，因为飞行高度曾经是战斗机的绝对优势，所以，第一代战斗机大都具备了高空作战的能力，敌对战斗机经常在万米高空中缠斗。

分代原则

目前，战斗机的分代主要有三种划代法，即俄罗斯划代法、美国划代法和西方划代法。国际上比较公认的战斗机划代法是西方划代法，即将世界各国战斗机分为第一、二、三、四代战斗机。本书介绍的正是西方划代法中的各代战斗机。

解密经典兵器

美国 F-86 战斗机

早期喷气式战斗机的代表

F-86 战斗机是第二次世界大战后美国北美航空公司研制的第一代喷气式战斗机，因其在当时首屈一指的战斗性能而成为美国早期设计的喷气式战斗机的代表。在朝鲜战争中，F-86 战斗机与苏联的米格-15 战斗机展开了殊死较量，它们各有优势，二者也因此成为死敌。

狂野的翱翔者——战斗机

作战性能

F-86战斗机在高速状态下的控制性能较好，而且运动敏捷性高，堪称一个相对稳定的机枪平台。

解密经典兵器

生产情况

20世纪50年代，F-86战斗机是美国、北约以及日本使用最多的战斗机，从F-86战斗机诞生到退役，全世界一共生产了约11400架F-86战斗机。

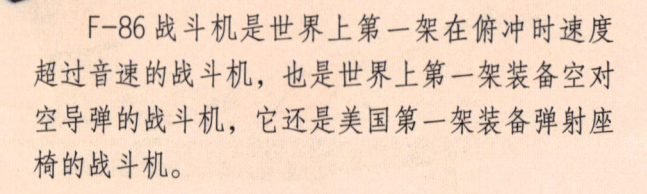

F-86战斗机是世界上第一架在俯冲时速度超过音速的战斗机，也是世界上第一架装备空对空导弹的战斗机，它还是美国第一架装备弹射座椅的战斗机。

狂野的翱翔者——战斗机

机密档案

型号:F-86

类型:亚音速喷气式战斗机

外形尺寸:机长11.4米,翼展11.3米

最大速度:1 200千米/时

实用升限:15千米

最大起飞重量:6 300千克

解密经典兵器

美国 F-100 战斗机

平飞超音速战斗机

1949年2月，北美航空公司以F-86战斗机为蓝本，开始研发F-100战斗机。1953年11月，首批F-100战斗机交付美国空军，世界上第一架可以在平飞中超过音速的战斗机诞生了。

进气方式

F-100战斗机的进气方式为机头进气。这种进气方式的优点是阻力小，但是缺点是无法安装大型机载雷达。自该机以后，再无一种美国战斗机采用这种进气方式了。

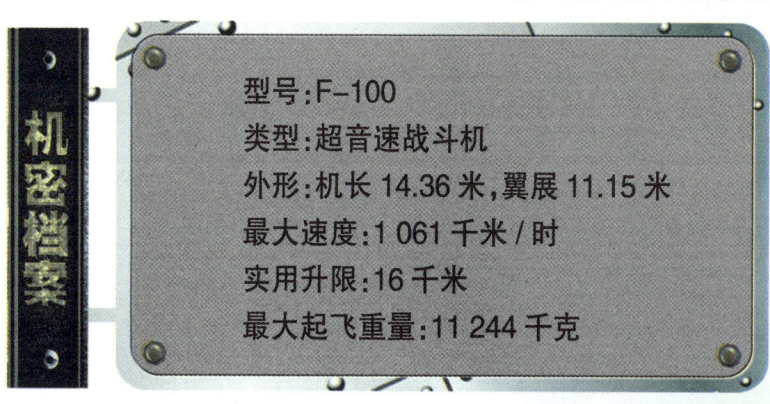

机密档案

型号：F-100
类型：超音速战斗机
外形：机长 14.36 米，翼展 11.15 米
最大速度：1 061 千米 / 时
实用升限：16 千米
最大起飞重量：11 244 千克

服役情况

F-100 战斗机自交付之日起，便开始了长达 31 年的服役生涯。1961 年，越南战争爆发，F-100 战斗机大显身手，在整个越南战争期间，F-100 战斗机机群共出动超过 30 万架次。

解密经典兵器

苏联 米格-19 战斗机

设计背景

1950年,苏联政府逐渐意识到战斗机的机动性在新的战术配合中以及变幻莫测的战场环境中的重要作用,于是命令米格设计局研制一种能够持续超音速飞行的战斗机。米格-19战斗机的研制计划被提上日程。

机身连接

米格-19战斗机的机身通过可拆卸的螺栓连接,这不仅减轻了机身重量,同时也方便了飞机内部构件以及发动机系统的维护。

机密档案

型号：米格-19
类型：超音速战斗机
外形：机长14.64米，翼展9米
最大速度：1 480千米/时
实用升限：17.9千米
最大起飞重量：8 832千克

收官之作

米格-19是苏联在20世纪50年代中期开始装备的第一代战斗机，也是米格设计局在后掠翼式战斗机设计方面的"收官之作"。

解密经典兵器

英国"蚋"式战斗机

"怀才不遇"

由于具备高推重比和低翼载,配备了助力操纵装置的"蚋"式战斗机展现出良好的机动性和操控性,在英国空军的评价实验中获得了良好的评价。但由于液压助力系统经常出现故障,"蚋"式战斗机并没有被选定为英国空军新一代对地攻击机。

新的机遇

"蚋"式战斗机虽然失去了英国空军这一大买家,却得到了印度空军的青睐,"蚋"式战斗机因为结构简单、成本廉价和维护费用低等特点,被认为符合印度空军的要求。

狂野的翱翔者——战斗机

机密档案

型号:"蚋"式

类型:轻型战术战斗机

外形:机长 8.74 米,翼展 6.75 米

最大速度:1 120 千米 / 时

实用升限:14.63 千米

最大起飞重量:5 500 千克

第一次印巴战争中,"蚋"式战斗机击落一架"佩刀"战斗机,因此被印度人称为"佩刀杀手"。第二次印巴战争,"蚋"式战斗机再显"佩刀杀手"本色,登上了荣誉的巅峰。

解密经典兵器

法国"超神秘"B2 战斗机

研发背景

在达索公司研制的"神秘"系列战斗机获得法国军方的肯定后,为了适应新的市场需要,也出于更新换代的考虑,达索公司着手研制新型战斗机,"超神秘"B2 战斗机应运而生。

狂野的翱翔者——战斗机

历史地位

"超神秘"B2战斗机是法国达索公司在第二次世界大战后研制的第一代战斗机,是西欧各国空军中第一架具备超音速平飞能力的战斗机。

生产及归属

1955年3月,在原型机试飞成功后,达索公司开始批量生产"超神秘"B2战斗机,最终共生产了180架,其中144架活跃在法国领空,另外36架归属以色列。

解密经典兵器

机密档案

型号:"超神秘"B2
类型:超音速战斗机
外形:机长12.9米,翼展11.1米
最大速度:1 120千米/时
实用升限:16.2千米
最大起飞重量:9 500千克

主要改进

"超神秘"B2战斗机从"神秘"系列战斗机的基础上改进而来。相比"神秘"系列战斗机,"超神秘"B2战斗机采用了后掠角更小、更薄的机翼,改进了进气道,不仅外形看上去线条更优美,而且飞行性能也有所提高。

第二章
第二代战斗机

解密经典兵器

第二代战斗机简介

研制背景

在世界各国普遍装备第一代战斗机的时候,技术实力雄厚的国家开展技术攻关,研制性能更先进的战斗机。空军作为一个国家军事打击力量的"先头部队",需要不断突破新的技术,第二代战斗机正是在这样的历史大背景下开始崭露头角,并迅速登上历史舞台。

气动外形

为保证性能要求,第二代战斗机多为头部尖锐的流线外形,这减少了战斗机在高空中与空气的摩擦,从而获得更快的飞行速度。

狂野的翱翔者——战斗机

整体特点

第二代战斗机装备大推力涡轮发动机,并配备雷达、电子导航仪等独立的机载航空电子设备,这使其具备了全天候作战的能力。

高空高速

相比第一代战斗机,第二代战斗机在速度、升限和爬升率等方面均有较大提高。"高空高速"是第二代战斗机的主要特点,第二代战斗机的升限可以超过2万米,最大速度可以超过2马赫。

解密经典兵器

美国 F-104 战斗机

研发历史

美国 F-104 战斗机是美国洛克希德公司为截击和空战研制的制空战斗机，由著名设计师凯利·约翰逊领导设计。原型机于 1954 年 2 月首次试飞，预生产型战斗机于 1956 年 2 月首飞，生产型 F-104 战斗机于 1958 年 1 月开始交付美国空军。

致命缺点

F-104 战斗机有致命性缺点，它的机身长，机翼短小，升力明显不足，遇到发动机熄火故障时，不能像大型飞机那样飘滑降落，有人形容，这时的 F-104 战斗机会像一块废铁一样从空中掉下来。

"有人导弹"

F-104战斗机以其独特的外形、细长的机身获得了"有人导弹"的美称。F-104战斗机将战斗机轻便、廉价、速度快、爬升率大、升限高和机动性强的优点发挥得淋漓尽致，同时降低了飞行员操作的难度，这是战斗机发展史上不可磨灭的重要里程碑。

解密经典兵器

稳定性

F-104战斗机不但速度快、轻便,而且在飞行过程中稳定性很好。F-104战斗机在跨音速飞行时,最大速度可以达到2 330千米/时,而且在飞行中可以保证机身稳定,不会出现颤动等一系列问题。

狂野的翱翔者——战斗机

机密档案

型号:F-104

类型:轻型超音速战斗机

外形:机长 16.65 米,翼展 6.68 米

最大速度:2 330 千米/时

实用升限:17.68 千米

最大起飞重量:13 050 千克

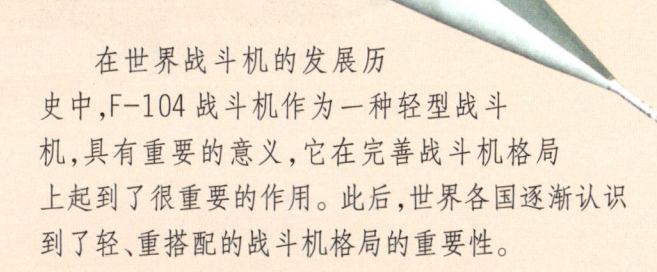

在世界战斗机的发展历史中,F-104 战斗机作为一种轻型战斗机,具有重要的意义,它在完善战斗机格局上起到了很重要的作用。此后,世界各国逐渐认识到了轻、重搭配的战斗机格局的重要性。

解密经典兵器

美国 F-4 战斗机

研制背景

朝鲜战争期间,机动性能糟糕的轰炸机曾让美军头痛不已,所以,战后很多军事专家主张研制兼有空战能力和对地攻击能力的多用途战斗机。在这样的设计思想指导下,F-4战斗机诞生了。

狂野的翱翔者——战斗机

主力战机

F-4战斗机是优秀的重型防空战斗机,是美国空军和海军在20世纪六七十年代装备的主力战机,参加过越南战争和中东战争。

外形特点

F-4战斗机的机头相对下垂,保证战斗机以一定仰角飞行的时候飞行员能有开阔的视野,同时也有利于实施对地攻击。

解密经典兵器

超视距空战

随着科技的发展,超视距空战日显重要,由于预警指挥系统和机载探测系统的发展,战斗机远距探测能力明显提高。F-4战斗机的性能特点就明显体现了向超视距空战转变的趋势。

性能出色

F-4战斗机是美国第二代战斗机的典型代表,具有很强的空战能力,对地攻击能力也很出色,是综合性能良好的多用途战斗机。

狂野的翱翔者
——战斗机

机密档案

型号:F-4
类型:重型防空战斗机
外形:机长 19.2 米,翼展 11.77 米
最大速度:2 414 千米/时
实用升限:16.58 千米
最大起飞重量:28 030 千克

1972年,在越南战争中的一场轰炸战役中,14架F-4战斗机投掷了24枚激光制导导弹,成功摧毁了越方严密防守的清化大桥。这成为F-4战斗机对地精确打击的经典战例之一。

解密经典兵器

美国 F-5 战斗机

研制背景

20世纪60年代,美国的盟友中有一些国力相对较弱的国家无力承担巨额的军费开销,于是美国想研制一种造价低、维护方便的战斗机援助这些国家。所以,当F-5战斗机试飞成功后,1962年便被美国国防部选为"军事援助"的主要战斗机。

研制思想

F-5战斗机的研制历史最早可以追溯到20世纪50年代。1954年,美国诺斯罗普公司的一个小组考察了北约和东南亚一些国家的防务后认为,应该研制一种轻型超音速战斗机,廉价和易于维护,并具有短距起降能力。

不受重视

F-5 战斗机是一种双发轻型战斗机。F-5 系列战斗机装备过三十多个国家或地区的军队,但它们并没受到太多重视。在许多人眼里,它只是美国为了援助其盟友和开发第三世界战斗机市场而研制的一种"性能上接近米格-21"的低档战斗机。

解密经典兵器

综合性能

F-5战斗机设备舱空间较小,不能装备过多的电子设备,但其电子系统总体来说既齐全又轻便简单,而且具有很高的可靠性。

实战测试

1965年,越南战争规模扩大,美国空军急需一种维护简单、可靠性高的战斗机进入越南战场。于是,一批F-5战斗机经过改装后进入越南战场进行实战测试。结果表明,F-5战斗机成本低廉,维护方便,可以在野战机场起降,战场的生存能力较强。

狂野的翱翔者
——战斗机

机密档案

型号：F-5
类型：轻型战术战斗机
外形：机长 15.78 米，翼展 7.7 米
最大速度：1 487 千米/时
实用升限：15.39 千米
最大起飞重量：14 500 千克

解密经典兵器

苏联 米格-21战斗机

价格低数量多

与西方同级别同代战斗机相比,米格-21战斗机的价格较低,同时,米格-21战斗机也是第二次世界大战后,全世界生产数量最多的一种超音速战斗机,其总产量超过6 000架。

米格-21战斗机的研制思想很明确:高空、高速、轻巧、爬升快、能截击入侵的敌方轰炸机和高速目标。列装部队后,米格-21战斗机主要执行防空截击任务,并成为苏联空军在20世纪50年代末至60年代装备的主力制空战斗机。

多次参战

米格-21战斗机及其改进型号参加过多次战争,可谓是战场上的"活跃分子"。米格-21战斗机曾是越南战争、中东战争、印巴战争和两伊战争等局部战争中的常见身影。

机密档案

型号:米格-21
类型:轻型超音速战斗机
外形尺寸:机长15.76米,翼展7.15米
最大速度:2 175千米/时
实用升限:18.7千米
最大起飞重量:8 376千克

解密经典兵器

苏联 米格-23战斗机

综合性能

米格-23战斗机机载武器较多,具有很强的空战能力,而且航程较远,作战半径较大。此外,变后掠翼技术的应用解决了高低速飞行之间的矛盾:高速飞行时,用大后掠角,飞机阻力小,加速性好;低速飞行时,用小后掠角,翼展面积大,续航时间长。

狂野的翱翔者——战斗机

设计特点

与米格战斗机以往机头进气的外形不同,米格-23战斗机改为两侧进气,这使得战斗机中有更大的空间安装电子设备。

缺点

米格-23战斗机虽然经过了改进,但还是有一些缺点。变后掠翼技术的不成熟,导致米格-23战斗机的结构相对复杂,重量较大,而且不易操纵。

机密档案

型号:米格-23
类型:变后掠翼超音速战斗机
外形:机长15.88米,翼展7.78米—14米
最大速度:2 445千米/时
实用升限:18.3千米
最大起飞重量:18 400千克

解密经典兵器

苏联 米格-25战斗机

高性能参数

米格-25战斗机可在24 000米高空以2.8马赫的速度持续飞行,其最大平飞速度超过3马赫,是世界上第一种速度超过3马赫的战斗机。米格-25战斗机极高的性能参数,让很多军事专家相信苏联的军用航空制造技术在当时已经领先世界。

气动布局

米格-25战斗机采用两侧进气、双发、双垂尾的气动布局,这是米格设计局与苏联中央空气流体动力学研究院共同研究的成果。

庐山真面目

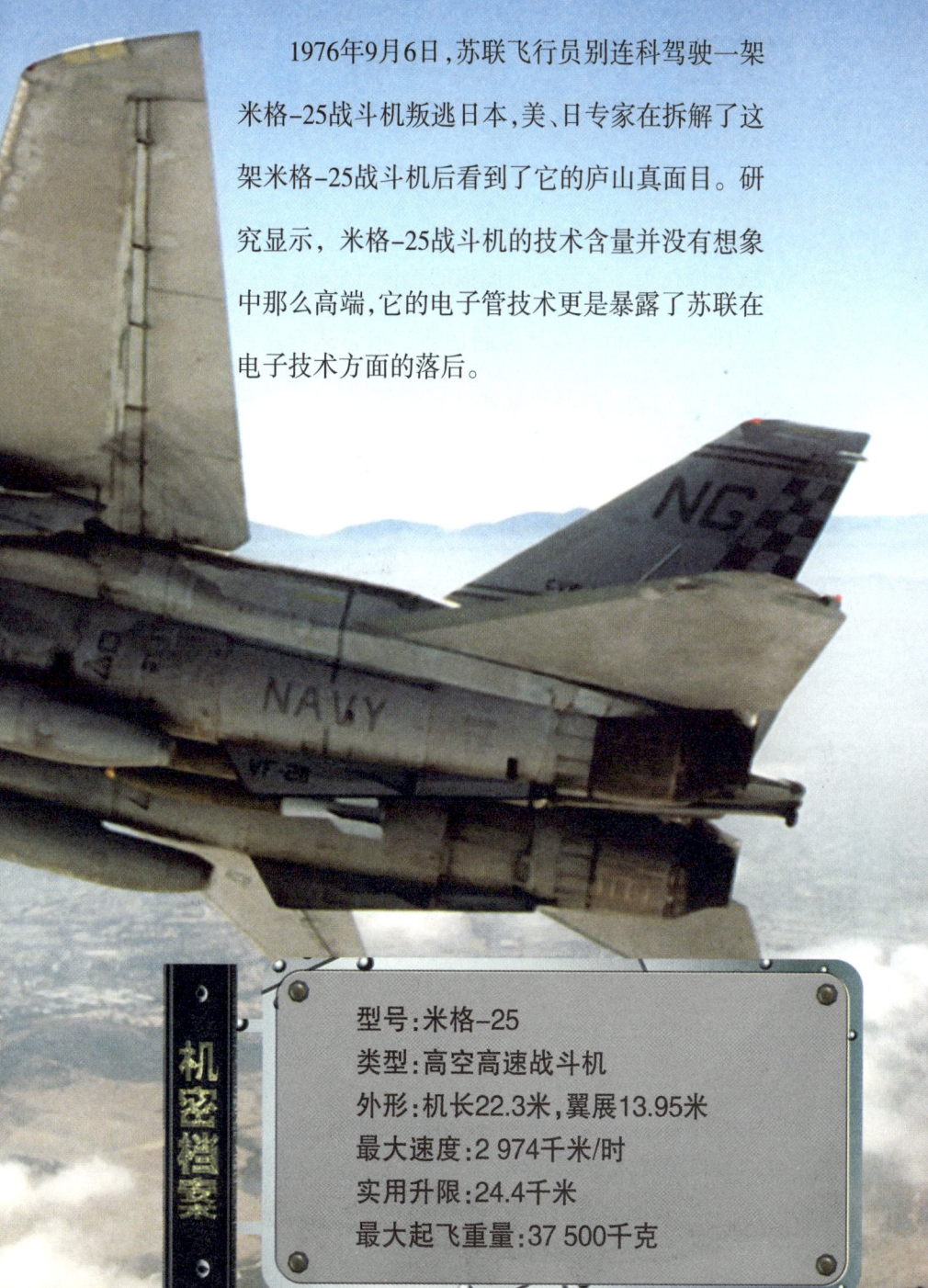

　　1976年9月6日,苏联飞行员别连科驾驶一架米格-25战斗机叛逃日本,美、日专家在拆解了这架米格-25战斗机后看到了它的庐山真面目。研究显示,米格-25战斗机的技术含量并没有想象中那么高端,它的电子管技术更是暴露了苏联在电子技术方面的落后。

机密档案

型号:米格-25
类型:高空高速战斗机
外形:机长22.3米,翼展13.95米
最大速度:2 974千米/时
实用升限:24.4千米
最大起飞重量:37 500千克

解密经典兵器

英国"闪电"战斗机

无可比拟的地位

"闪电"战斗机在英国有着无可比拟的地位,因为它是英国航空工业唯一一种自行设计并制造的二倍音速双发单座喷气式战斗机。"闪电"战斗机从研制到配备部队共经历十多年的时间。

"闪电"战斗机凭借出色的性能和独特的外形设计给人们留下了深刻的印象。但是,"闪电"战斗机并不是完美的,它航程短、载弹量少,而且它从未有机会参加实战。

狂野的翱翔者——战斗机

机密档案

型号:"闪电"

类型:轻型超音速战斗机

外形:机长16.81米,翼展10.61米

最大速度:2 335千米/时

实用升限:18.3千米

最大起飞重量:21 770千克

备受青睐

在与美军的联合演习中,"闪电"战斗机曾多次成功"拦截"在高空飞行的 U-2 侦察机,因此赢得了英国皇家空军的青睐。1956 年,英国皇家空军正式订购"闪电"战斗机,并于 1958 年提出第二次订货要求。

解密经典兵器

英国"鹞"式战斗机

多种特技

英国"鹞"式战斗机由英国霍克·西德尼航空公司研发，是世界上第一种实用的可以垂直起落、快速平飞、空中悬停和倒退飞行的战斗机。"鹞"式战斗机的这些特技让其出尽了风头。

你知道吗？

"鹞"式战斗机具有中低空性能好、机动灵活、分散配置、可随同战线迅速转移等特点，是美军少有的来源于外国设计的现役军用战斗机。

狂野的翱翔者——战斗机

出色战绩

在1982年的英阿马岛之战中,"鹞"式战斗机首次参战执行截击任务,并在空战中击落了对方16架飞机,从而一举成名。在马岛之战中的出色表现,让世界充分肯定了"鹞"式战斗机特殊的飞行方式所带来的战术优势。

解密经典兵器

缺点

虽然"鹞"式战斗机在当时有很多技术上的突破和优势，战绩也很好，但是"鹞"式战斗机也存在着缺点。其主要缺点是垂直起飞时航程和活动半径小，载弹量小，陆上使用时后勤保障困难。

制造材料

"鹞"式战斗机在制造材料上进行了专业的选择，在机体结构上采用了由碳纤维复合材料制造的机翼、机身部件及尾翼。

狂野的翱翔者——战斗机

机密档案

型号:"鹞"式

类型:亚音速垂直/短距起降战斗机

外形:机长13.89米,翼展7.7米

最大速度:1 186千米/时

实用升限:15.24千米

最大起飞重量:11 340千克

技术奇迹

"鹞"式战斗机是从20世纪60年代中期开始研制的,20世纪70年代初装备海军航母舰队,成为世界上第一种垂直起降战斗机,被称为"技术奇迹"。

意大利 G.91 战斗机

研制背景

20世纪50年代，北大西洋公约组织提出了增强地面攻击能力的要求，并进而提出设计一种轻型地面攻击战斗机的计划。意大利菲亚特公司拥有较强的技术实力，所以在北大西洋公约组织提出部署攻击型战斗机的计划后，菲亚特公司研制和生产了G.91战斗机。

狂野的翱翔者——战斗机

设计要求

北约组织要求新型地面攻击战斗机要易于生产,且具有较强的适应能力,能在多数成员国国内执行作战任务,另外,还要严格控制成本。

作战意义

G.91战斗机弥补了意大利本国空中力量的不足,同时增强了北大西洋公约组织的空中打击能力。

解密经典兵器

发展进程

1956年,第一架G.91战斗机的原型机试飞成功。北大西洋公约组织对菲亚特公司研制的新型战斗机很感兴趣,并与菲亚特公司签订了生产合同。到1977年,菲亚特公司一共生产了各种型号的G.91战斗机756架。

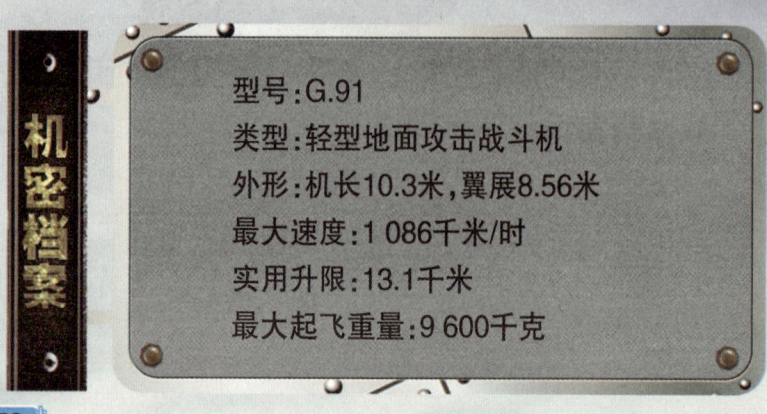

机密档案

型号:G.91

类型:轻型地面攻击战斗机

外形:机长10.3米,翼展8.56米

最大速度:1 086千米/时

实用升限:13.1千米

最大起飞重量:9 600千克

第三章
第三代战斗机

解密经典兵器

第三代战斗机简介

研发背景

"高空高速"的设计思想束缚了第二代战斗机的作战性能,实战经验又证明,"高空高速"并不是空战胜负的决定性因素。第二代战斗机暴露出的问题,以及新战术的需求和局部战争的实际经验,催生了第三代战斗机的产生。

制造材料

第三代战斗机大多采用碳纤维和玻璃纤维等复合材料,具有重量轻、强度大、耐高温等优点。

狂野的翱翔者——战斗机

主力战斗机

战争硝烟的背后是各国为增强国防实力和打击能力所做的科技攻关。20世纪六七十年代,科技转化为战斗力的典型代表就是第三代战斗机的诞生。这一代战斗机汇集了当时最高、精、尖的科技,至今仍是世界各国在役的主力战斗机。

与第二代战斗机相比,第三代战斗机的机动性和作战半径得到增加。更重要的是,第三代战斗机装备性能先进的雷达和综合显示系统,实现了超视距作战。

解密经典兵器

美国 F-14 战斗机

F-14 威名

F-14 战斗机是冷战时期美国为对付苏联远程轰炸机而设计的，用来替换海军的 F-4 战斗机。美国海军配备 F-14 战斗机时期是美国航母战斗群最壮观、最安全、最威风的时期。F-14 战斗机为美国海军立下了赫赫战功。在冷战后期以及世纪之交，美国海军航空兵因配备 F-14 战斗机，在实力上保持了绝对领先，让美国牢牢地掌握了制海权。

> 美国海军配备的战斗机中，最"拉风"的当属 F-14 战斗机，这不仅仅因为 F-14 战斗机拥有炫酷的外形，更因为它具备强大的战斗力。

狂野的翱翔者——战斗机

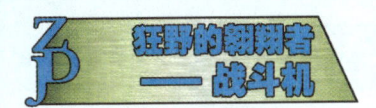

机密档案

型号：F-14
类型：超音速多用途舰载战斗机
外形：机长19.1米，翼展10.15米—19.54米
最大速度：2 866千米/时
实用升限：18.29千米
最大起飞重量：33 724千克

作战任务

F-14战斗机的主要作战任务是护航，并在一定范围内夺取制空权、驱逐敌方战斗机、保证己方的攻击力量，以及近距离支援等。

解密经典兵器

美国 F-15 战斗机

研发背景

第二次世界大战结束后,美国政府和军方认为,未来战争必定是以核战为主的战争,再加上在实战中总结出的经验,美国军方迫切需要一种能夺取空中优势的战斗机。由美国麦道航空公司研制的 F-15 战斗机就这样诞生了。

狂野的翱翔者——战斗机

机密档案

型号：F-15
类型：高机动战术战斗机
外形：机长19.43米，翼展13.03米
最大速度：3 062千米/时
实用升限：18.3千米
最大起飞重量：30 845千克

自动化武器系统

F-15战斗机上可装备多种对空武器，自动化的武器系统加上平视显示器可以提高空战的作战效率，飞行员无须把精力浪费在烦琐的武器操纵程序上。

解密经典兵器

主力战斗机

F-15 战斗机是美国空军当前的主力制空战斗机,主要担负空中格斗、夺取制空权的任务,同时也具备对地攻击能力。

远销海外

F-15 战斗机及其改进型战斗机热销欧洲、韩国、日本等许多国家和地区,成为这些国家和地区空中国防力量的重要组成部分。

狂野的翱翔者——战斗机

F-15战斗机具备很强的战场生存能力,在机身受损的情况下,只要有一根翼梁仍然完好,F-15战斗机就可以继续飞行。

解密经典兵器

美国 F-16 战斗机

设计用途

F-16 战斗机在设计时的主要目的是用于空中格斗，随着后来不断升级，F-16 战斗机也可执行近距离空中支援，对地攻击、侦察等任务。

销量领先

F-16 战斗机是美国军用飞机改型较多的一种，先后有 13 种改进型号，它也因此成为目前世界上销量最多的战斗机，有 17 个国家和地区的空军和海军装备了 F-16 战斗机或其改进型号。

狂野的翱翔者——战斗机

设计特点

F-16战斗机采用腹部进气道设计，而在它之前出现的战斗机大多采用机头进气或是机身两侧进气。采用腹部进气道的优点是，在飞机进行大仰角飞行或侧滑时，气流稳定且不会吸入机炮发射时产生的烟雾。

机密档案

型号：F-16
类型：轻型超音速战斗机
外形：机长15.09米，翼展9.45米
最大速度：2 483千米/时
实用升限：15.24千米
最大起飞重量：16 057千克

解密经典兵器

美国 F-18 战斗机

战场"新宠"

在 F-18 战斗机装备美国海军前，F-14 战斗机曾在各大洋的上空称雄多年，但是随着时间的推移，"年迈"的 F-14 战斗机落伍了。为保证航母战斗群的海上制空权，美国海军急需性能更完善的战斗机接替 F-14 战斗机，于是，F-18 战斗机成了美国海军航空兵的"新宠"。

狂野的翱翔者——战斗机

参与实战

1986年3月,F-18战斗机首次参与实战,对利比亚的岸基设备进行打击。在1991年的海湾战争中,F-18战斗机是美国舰队的主力战斗机,并在战争中有出色的表现。

主要任务

F-18战斗机一般被部署在航母上,与航母战斗群一起执行任务。其主要任务包括舰队防空、压制敌防空火力、拦截、自我护航、进攻性和防御性空战、近距离空战支援。

解密经典兵器

超视距作战能力

现代战争中,超视距空战的重要性越来越明显。F-18战斗机具有先进的雷达和电子设备,优良的人机工程,以及一定的隐身能力,因此F-18战斗机的超视距作战能力在第三代战斗机中应该是比较强的。

狂野的翱翔者——战斗机

主要特点

F-18的主要特点是可靠性和维护性好，生存能力强，大仰角飞行性能优良，以及武器投射精度高。

机密档案

型号：F-18

类型：舰载战斗攻击机

外形：机长17.07米，翼展11.43米

最大速度：1 910千米/时

实用升限：15.24千米

最大起飞重量：24 401千克

解密经典兵器

苏联 苏-27战斗机

主力战机

1971年，苏霍伊设计局开始研制苏-27"侧卫"战斗机，到1990年，苏-27被定为苏联空军的标准战斗机。经过20年的研发，苏-27战斗机终于成为苏联空军战斗机群的主力。

你知道吗

1987年9月13日，苏-27战斗机曾利用尾翼给当时入侵苏联领海的P-3B巡逻机来了个"开膛手术"，捍卫了苏联的荣誉。

作战任务

苏-27战斗机虽然具备携带空对地武器的能力，但是它主要的作战任务却不是空中支援，而是用于对抗北约的空中加油和空中预警系统。这样做的目的是限制北约组织,维持和延伸空中打击能力。

解密经典兵器

震惊世界

苏-27战斗机拥有先进的气动布局和强大的攻击力，刚刚服役就震憾了世界航空界。在西方航展上，苏-27战斗机精彩的"眼镜蛇机动"动作更令世界惊叹不已。

狂野的翱翔者——战斗机

机密档案

型号：苏-27
类型：全天候空中优势重型战斗机
外形：机长21.94米，翼展14.7米
最大速度：2 500千米/时
实用升限：18千米
最大起飞重量：33 000千克

解密经典兵器

苏联 苏-35战斗机

"侧卫"家族的最后一员

第四代战斗机问世后,"侧卫"家族战斗机逐渐失去了竞争力,为了未来一段时间内在世界武器市场上占有一定份额,苏霍伊公司不失时机地利用部分正在研制中的第四代战斗机所采用的尖端技术,打造了"侧卫"家族的最新也是最后一位成员——苏-35战斗机。

狂野的翱翔者——战斗机

机身材料

苏-35战斗机机身大量采用钛合金,其使用寿命也因此延长到6 000飞行小时,足以使用30年以上。

超机动性

苏-35战斗机装备的117S发动机的推力矢量控制系统可以很容易地与电传操纵系统实现一体化控制。苏-35战斗机可以借助推力矢量技术完成超机动性的战术动作。

解密经典兵器

服役情况

目前，只有5架苏-35战斗机服役于俄罗斯空军，但苏霍伊公司有意将苏-35战斗机推向国际战斗机市场。

机动性

苏-35战斗机采用三维推力矢量技术实现战斗机的飞行控制，保证战斗机在任何设计载荷条件下都能发挥超高的机动能力。另外，苏-35装配先进的飞行控制系统，保证飞行员能够自如控制战斗机。

狂野的翱翔者——战斗机

机密档案

型号：苏-35
类型：超机动性多用途战斗机
外形：机长21.9米，翼展15.3米
最大速度：2 756千米/时
实用升限：18千米
最大起飞重量：34 500千克

苏联 苏-37战斗机

王牌战斗机

苏-37战斗机是由苏霍伊设计局设计制造的超机动战斗机,它是俄罗斯空军手中的一张王牌。苏-37战斗机的保密工作做得非常完善。目前,由于各种原因的限制,人们所熟知的苏-37战斗机仅有一架,其标号为"711"。

空中"杂技"

苏-37战斗机机动性的完美体现当属"钟形机动",即战斗机垂直爬升过程中逐渐降速,直至零速度的顶点,并在这一顶点位置保持2秒—4秒,然后向后倒仰,垂直下落并滚转到另一个平面上。

解密经典兵器

机动性

苏-37战斗机最令人赞叹的当属机动性。苏-37战斗机在空中完成的"杂技"被很多军事专家认为代表了当代战斗机研制的最高水平，而且，这些机动动作在空战中也确实有很重要的实战意义。

目标定位

苏霍伊设计局的一个主要目标就是要成为世界上三个最主要的战斗机出口公司之一，而苏-37战斗机刚刚推出便瞄准了出口市场，这很明显地体现出了苏霍伊设计局对争夺世界战斗机市场的"野心"。

狂野的翱翔者——战斗机

机密档案

类型:苏-37

类型:超机动战斗机

外形:机长21.94米,翼展15.16米

最大速度:2 440千米/时

实用升限:18千米

最大起飞重量:32 494千克

解密经典兵器

欧洲 EF-2000 战斗机

四国合作的"结晶"

欧洲 EF-2000 多功能战斗机是德国、英国、意大利、西班牙四国合作研制的新型战斗机，于 20 世纪 90 年代中期列装部队。EF-2000 战斗机以空战为主，并拥有强悍的对地攻击能力。

语音操控系统

EF-2000 战斗机配备语音控制操纵杆系统，飞行员可以使用声音命令实现模态选择和数据登录程序，这也是世界上第一种装备战斗机的语音操控系统。

狂野的翱翔者——战斗机

机密档案

型号：EF-2000

类型：超音速战斗机

外形：机长15.96米，翼展10.95米

最大速度：2 390千米/时

实用升限：18千米

最大起飞重量：23 500千克

设计特点

EF-2000战斗机采用了鸭式三角翼无尾式布局，机身广泛采用碳素纤维复合材料、玻璃纤维增强塑料、铝锂合金、钛合金和铝合金等材料制造。

解密经典兵器

英、德、意"狂风"战斗机

"狂风"诞生

20世纪60年代末期,为了适应北约组织对突发事件灵活反应的战略思想,德国、英国、意大利三国联合研发出了"狂风"战斗机。目前,"狂风"战斗机有对地攻击型和防空型两类,对地攻击型是基本型,主要用于对地和对海攻击,防空型则主要用于国土防卫。

狂野的翱翔者——战斗机

目前,英、德、意三国空军共装备将近600架"狂风"战斗机,另外,沙特阿拉伯、阿曼等国也购买了"狂风"战斗机。

性能优良

"狂风"战斗机具有良好的机动性,强大的攻击火力,并且具有较长的留空时间和短距离起落能力。

机密档案

型号:"狂风"

类型:超音速战斗机

外形:机长16.72米,翼展8.6米—13.91米

最大速度:2 695千米/时

实用升限:15千米

最大起飞重量:27 215千克

解密经典兵器

法国"幻影"2000战斗机

优秀战斗机

"幻影"2000战斗机是法国达索航空公司研制的多用途战斗机。该战斗机载弹量大,武器品种多样,火力性能出色,从性能水平和作战效能来看,"幻影"2000战斗机与美国F-16战斗机不相上下,算得上是一种研制得相当成功的优秀战斗机。

狂野的翱翔者——战斗机

设计特点

"幻影"2000战斗机采用无尾三角翼气动布局,以发挥三角翼超音速阻力小、重量轻、刚性好、机翼载荷低和内部空间大的优点。

解密经典兵器

宝刀不老

目前,"幻影"2000战斗机已经成为世界上性能出色、分布广泛的第三代战斗机代表。法国军方虽已决定选用"阵风"战斗机作为新一代主力战斗机,但是"幻影"2000战斗机及其改进型战斗机仍将是法国空军的重要力量。

系列战斗机

"幻影"2000战斗机是"幻影"系列战斗机中最新的型号,它将"幻影"系列战斗机的发展推向了新的高度,甚至有人用"幻影时代"来形容"幻影"系列战斗机高度发展的盛况。

狂野的翱翔者——战斗机

机密档案

型号:"幻影"2000
类型:多用途战斗机
外形:机长14.36米,翼展9.13米
最大速度:2 338千米/时
实用升限:18千米
最大起飞重量:17 000千克

解密经典兵器

法国"阵风"战斗机

主力战斗机

法国"阵风"战斗机是达索飞机制造公司研制的双发多用途超音速战斗机,于1998年装备法国空军。"阵风"战斗机凭借高度的灵活性和出色的作战性能,成为法国空军和海军新的主力战斗机。

出色性能

"阵风"战斗机拥有超视距作战能力和一定的隐身能力,可以在全天候气象条件下,完成对地、对空攻击的各项任务,总体作战能力出色。

狂野的翱翔者——战斗机

机密档案

型号:"阵风"
类型:高灵活性多用途战斗机
外形:机长15.3米,翼展10.9米
最大速度:2 450千米/时
实用升限:机密
最大起飞重量:21 500千克

开创性

"阵风"战斗机是第一种拥有内在电子防御系统的飞机,这提高了"阵风"战斗机的战场生存能力和作战效能。另外,在空中受油的时候,"阵风"战斗机的飞控系统能够自动进行飞行姿态校正,飞行员的操纵不会使战斗机产生剧烈的反应。

解密经典兵器

瑞典 JAS-39 战斗机

"北欧守护神"

JAS-39 战斗机于 20 世纪 90 年代初装备瑞典空军，成为 SAAB-37 战斗机的接替者。JAS-39 战斗机因为出色的性能而成为瑞典人的骄傲，被称为"北欧守护神"。

满足需求

多功能、高效经济的 JAS-39 战斗机不仅达到了瑞典空军多功能、低成本的要求，也符合多变的世界市场对飞机品质及能力日益提高的需要，因此在世界武器市场上颇受欢迎。

狂野的翱翔者——战斗机

机密档案

型号：JAS-39
类型：全天候全高度战斗/攻击/侦察机
外形：机长14.1米，翼展8.4米
最大速度：2 450千米/时
实用升限：机密
最大起飞重量：13 000千克

设计特点

　　JAS-39战斗机的多数部件由碳纤维复合材料制成。该机采用三角翼鸭式布局，利于提高战斗机的机动性和敏捷性。

解密经典兵器

日本 F-2 战斗机

服役情况

2000年10月2日,日、美两国合作研制的F-2战斗机正式服役。按计划,F-2战斗机将在21世纪全面担负起日本国土防空的重要使命,并成为日本空中自卫队在未来很长一段时间内的主力战斗机。

F-2战斗机的外形简约,为机载电子设备提供了更大的空间。机翼采用吸波材料,减少了雷达反射面积。

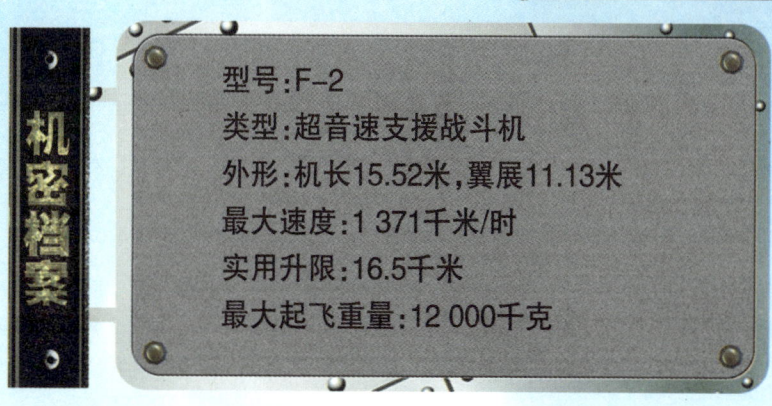

机密档案

型号：F-2
类型：超音速支援战斗机
外形：机长15.52米，翼展11.13米
最大速度：1 371千米/时
实用升限：16.5千米
最大起飞重量：12 000千克

作战用途

作为多用途战斗机，F-2战斗机偏重于对地攻击和近距离火力支援，此外还可进行空中格斗，又能够完成海上护航等任务。另外，F-2战斗机还可以在短距离内起飞或降落。

解密经典兵器

以色列"幼狮"战斗机

研制背景

阿以战争爆发后,法国为了保持中立,禁止任何公司或组织向以色列出售战斗机或提供技术支持。鉴于已有的"幻影"Ⅲ战斗机的良好表现,以色列便在"幻影"Ⅲ战斗机的基础上,研制出了"幼狮"战斗机。

重要意义

"幼狮"战斗机是以色列重要的空中打击力量。在以色列面临武器进口困境的时候,"幼狮"战斗机的研制成功,壮大了以色列空军的实力,完善了以色列的军事装备配备,也为以色列积攒了宝贵的战斗机研制经验。

技术储备

法国和以色列联合组成的技术小组曾对"幻影"系列战斗机做过数百次的技术修改,所以以色列的技术人员对"幻影"系列战斗机的技术特点非常了解,这也是以色列能够顺利研制出"幼狮"战斗机的关键。

解密经典兵器

机密档案

型号:"幼狮"
类型:单座轻型战斗机
外形:机长15.65米,翼展8.22米
最大速度:2 445千米/时
实用升限:17.68千米
最大起飞重量:16 500千克

设计特点

"幼狮"战斗机机身为全金属半硬壳结构;机头由本国制造的复合材料制成,机头尖端的两侧各装一小块水平边条,用以改善偏航时的机动性能和大迎角时机头上的气流。

第四章
第四代战斗机

解密经典兵器

第四代战斗机简介

研制背景

　　检验武器好坏最好的地方就是战场。充满技术含量的现代局部战争,考验着各国的军事实力,而在陆、海、空三位一体的较量中,夺得制空权又是极为重要的,所以各国都在不断总结实战经验,并研制性能更高也更能适应战场需要的第四代战斗机。

第四代战斗机迎来了战斗机研制领域的第四场革命——"隐身革命",超机动性、超音速巡航能力、隐身能力和超高效空战航电设备成为第四代战斗机的显著标志。

设计理念

第四代战斗机延续了前几代战斗机用途多、仪器精密的发展方向,放弃了对高速和高翼负荷的追求,将设计理念转为扩展飞机在不同高度和速度下的运动性。其中,美国一位空军上校提出的能量运动理论对第四代战斗机影响颇深。

解密经典兵器

美国 F-22 战斗机

实力雄厚

F-22战斗机汇聚了美国航空工业的最高水平。单从技术层面看，F-22战斗机已经极为先进，它所具备的超音速巡航、超机动性、隐身、可维护性等功能，使它成为第四代超音速战斗机的代表。

狂野的翱翔者——战斗机

禁止出口

由于受到联邦法律的限制,F-22战斗机禁止出口。美军是F-22战斗机的唯一使用者,因此,大多数国家选择进口早期的F-15或F-16战斗机,或是等待允许出口的F-35战斗机。

作战任务

F-22战斗机的主要任务是确保战区的制空权,额外任务包括对地攻击、电子战,以及获取信号情报等等。

解密经典兵器

机密档案

型号：F-22
类型：重型隐身战斗机
外形：机长18.92米，翼展13.56米
最大速度：2 335千米/时
实用升限：18千米
最大起飞重量：38 000千克

新时代的来临

在美军的多次电子模拟对抗中，F-22战斗机展现了非凡的实力，但由于没有实战的考验，其战斗力还没有直观地体现。目前，F-22战斗机已经进入了现役，这标志着当今世界开始进入"隐形空军时代"。

狂野的翱翔者
——战斗机

电影中的F-22

F-22战斗机虽然没有参加过实战，但是我们在《变形金刚》《钢铁侠》等电影中已经领略了它的风采。

解密经典兵器

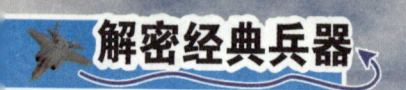

美国 F-35 战斗机

研发背景

1993年起,美国国防部就已打算研制一种几个军种通用的轻型战斗攻击机,用以取代过时的机种。与此同时,英国也表现出对这个计划的浓厚兴趣,并加入这个计划中。经过长期研制和比较试飞后,F-35战斗机应运而生。

F-35战斗机可执行近空支援、目标轰炸和防空截击等多种战斗任务,因此美军对F-35战斗机寄予了厚望,认为它的作战性能将在未来能帮助美国及其盟友掌握制空权。

狂野的翱翔者——战斗机

新型材料

F-35战斗机的蒙皮上覆盖了一种新型材料,这种新型材料是用聚合材料制造的,可直接覆盖在蒙皮上,无须进行喷漆,减轻了战斗机因喷漆而附加的重量。

解密经典兵器

设计特点

　　F-35战斗机是在F-22战斗机的基础上设计的第四代战斗机,在气动外形上沿用了F-22战斗机的设计,以减少设计成本和风险。相比其他战斗机,F-35战斗机把设计重点放在了隐身性能和战场生存能力上,同时它也具备了空中格斗能力和对地打击能力。

狂野的翱翔者——战斗机

机密档案

型号：F-35
类型：战斗攻击机
外形：机长15.37米，翼展10.65米
最大速度：1 931千米/时
实用升限：15.24千米
最大起飞重量：27 200千克

前景堪忧

F-35战斗机在研制的过程中遇到了超重、成本增加、经费减少、采购量减少等一系列问题，这使F-35战斗机面临尴尬的市场前景。

解密经典兵器

俄罗斯 T-50 战斗机

重要组成

T-50 多用途重型战斗机是俄罗斯苏霍伊设计局于 2000 年左右研制的第四代战斗机,是"未来前线战斗机系统"的重要组成部分。

狂野的翱翔者——战斗机

T-50战斗机与F-22战斗机有很多相似之处,也继承了苏-27战斗机的特色,但T-50战斗机并不是简单地抄袭F-22战斗机或单纯地将苏-27战斗机进行升级,而是结合了F-22战斗机和苏-27战斗机的特点,力图在隐身、飞行和机动性能等方面达到平衡。

综合性能

T-50战斗机的绝大部分信息仍处于保密状态,但专家从公开信息推断,T-50战斗机在最大飞行速度、最大航程、可允许最大过载等方面可能优于同类其他战斗机。

解密经典兵器

首次亮相

2011年,T-50战斗机在莫斯科航展上进行了首次公开飞行表演。T-50战斗机亮相后,信心满满的普京就宣布,T-50战斗机将于2013年交付俄罗斯空军试用,并在做进一步改进后于2015年开始批量生产。

狂野的翱翔者——战斗机

机密档案

型号：T-50
类型：重型隐身战斗机
外形：机长20米，翼展14.2米
最大速度：2 600千米/时
实用升限：18千米
最大起飞重量：33 000千克

面临考验

T-50战斗机虽然大量采用航空航天方面的先进技术，但由于缺乏实战考验，其稳定性和可靠性还不能确定，因此，T-50战斗机还面临着十分严峻的考验。

图书在版编目(CIP)数据

狂野的翱翔者：战斗机／崔钟雷主编．——长春：吉林美术出版社，2013.9（2022.9重印）
（解密经典兵器）
ISBN 978-7-5386-7900-7

Ⅰ．①狂… Ⅱ．①崔… Ⅲ．①歼击机–世界–儿童读物 Ⅳ．①E926.31-49

中国版本图书馆CIP数据核字（2013）第225140号

狂野的翱翔者：战斗机
KUANGYE DE AOXIANG ZHE: ZHANDOUJI

主　　编	崔钟雷
副 主 编	王丽萍　张文光　翟羽朦
出 版 人	赵国强
责任编辑	栾　云
开　　本	889mm×1194mm　1/16
字　　数	100千字
印　　张	7
版　　次	2013年9月第1版
印　　次	2022年9月第3次印刷

出版发行	吉林美术出版社
地　　址	长春市净月开发区福祉大路5788号
	邮编：130118
网　　址	www.jlmspress.com
印　　刷	北京一鑫印务有限责任公司

ISBN 978-7-5386-7900-7　　定价：38.00元